Dankeschön!

Für die freundliche Unterstützung bedanken wir uns herzlich bei Anja Gottwald, einer der Initiatorinnen des Projektes NawiKi an der Universität Hamburg und seit drei Jahren selbst in Kitas und Grundschulen experimentierend, den Kindern des Kindergartens „Mäuseburg" in Osterby mit dem Erzieher Marco Lemke und bei Magrit Parchwitz, Waldpädagogin, die gerne mit Kindern experimentiert und mit ihnen neugierig naturwissenschaftlichen Fragen auf den Grund geht.

Die Experimente in diesem Buch sind von der Autorin und vom Verlag sorgfältig ausgewählt und geprüft. Dennoch kann keine Garantie übernommen werden. Eine Haftung der Autorin bzw. des Verlags und seiner Beauftragten für Personen-, Sach- und Vermögensschäden ist ausgeschlossen.

© 2008 Esslinger Verlag J.F. Schreiber
Anschrift: Postfach 10 03 25, 73703 Esslingen
www.esslinger-verlag.de
Alle Rechte vorbehalten
Text: Ruth Gellersen
Illustration: Ulrich Velte
Redaktion: Larissa Leibrock
Layout und Satz: Jenny Alber
ISBN 978-3-480-22415-9

Richtig clever!

Experimente rund um Technik

Ruth Gellersen · Ulrich Velte

ess!inger

Vorwort

Liebe Eltern,

Kinder forschen und entdecken – den ganzen Tag! Gerade in den ersten Lebensjahren gehören für Kinder viele Dinge, die für Erwachsene ganz selbstverständlich sind, in die Welt der Experimente. So werden schon beim Zuknöpfen der eigenen Jacke oder beim Füllen eines Messbechers wichtige Erfahrungen gesammelt. Experimente müssen also nicht immer gleich knallen und zischen.

Forschen Sie gemeinsam mit ihrem Kind. Ermutigen Sie es, Fragen zu stellen, sich zu wundern und neue Dinge auszuprobieren. Denn es geht nicht um eine perfekte Ausführung der Experimente. Viel wichtiger ist, ihr Kind beim Entdecken seiner Umwelt zu unterstützen. Ohne vorgefertigte Antworten und Lösungsvorschläge, sondern mit viel Neugier, Zeit und Interesse.

In diesem Buch finden Sie Experimente:

▶ Für Einsteiger
▶ Für Fortgeschrittene
▶ Für Profis

Je nach Entwicklungsstand und Alter Ihres Kindes.

Die klaren Schritt-für-Schritt-Anleitungen erleichtern Ihrem Kind und Ihnen den Aufbau und die Durchführung der Experimente.
In den farbigen Kästen finden Sie kurze naturwissenschaftliche Erklärungen, Spielanleitungen, Sachtexte und Ideen rund um das jeweilige Experiment.

Viel Spaß beim gemeinsamen Experimentieren wünscht

Ruth Gellersen

Hallo Forscher!

Aus einem einfachen Blatt Papier eine Brücke bauen, die viel trägt – wie geht das? Und wie kann ein Flaschenzug dir dabei helfen, schwere Gegenstände leichter hochzuheben?

In diesem Buch erfährst du außerdem etwas über Magnete und Motorboote und stellst selbst einen elektrischen Stromkreis her.

Die allermeisten Experimente kannst du allein machen. Wenn du dieses Bild siehst, experimentierst du am besten gemeinsam mit deinen Freunden.

Viele Zutaten findest du bei euch zu Hause – so kannst du gleich anfangen zu experimentieren.

Besonders spannend wird es oft dann, wenn ein Experiment nicht so klappt, wie beschrieben oder wie du es dir vorgestellt hast. Forsche dann doch einfach mal weiter – bestimmt entdeckst du noch viele andere tolle Dinge.

Viel Spaß beim Forschen und Experimentieren wünscht dir deine Entdecker-Eule

Agathe

Inhaltsverzeichnis

Last auf Rollen 10
Wie kannst du Lasten leicht bewegen?

Wasser-Rakete 12
So baust du eine Rakete mit Wasserantrieb

Brücken bauen 14
Welche Brücke trägt am besten?

Technik früher 16

Gut gependelt 18
Keine Angst vor großen Pendeln

Lichtspiele 20
Stell deinen eigenen Stromkreis her

Riesen-Reisuhr 22
Beobachte, wie die Zeit vergeht

Magnet-Paare 24
Erforsche das Geheimnis von Magneten

Es klappert die Mühle … 26

Luftballon-Flitzer 28
Welches Auto fährt am schnellsten?

Bergauf, bergab 30
Einen Wagen ziehen oder schieben?

Hauruck! 32
Baue deinen eigenen Flaschenzug

Ganz schön stark! 34
Schwere Dinge einfach heben

Technik heute … 36

Rasantes Rennboot 38
Mit Magneten Rennen fahren

Was wiegt mehr? 40
Deine Waage zeigt es dir!

Kreiselndes Motorboot 42
Ein Motorboot fährt Karussell

Schnelle Kissen 44
Kräftig pusten – und das Luftkissenboot fährt los!

Last auf Rollen

Für Fortgeschrittene

Vergleiche mal: Wie ziehst du eine Last aus vielen Bauklötzen am einfachsten?

Du brauchst:
- den Deckel eines Schuhkartons
- einige Bauklötze
- ein großes Gummiband
- Klebeband
- viele runde Buntstifte (min. zehn Stück)

1

Lege den Deckel des Schuhkartons mit der Öffnung nach oben auf den Boden und belade ihn mit Bauklötzen. Befestige ein Gummiband mit Klebeband am Karton.

Ziehe den Deckel mit seiner Last aus Bauklötzen am Gummiband über den Boden. Wie weit dehnt sich das Gummiband, bevor sich die Last bewegt?

2

Lege jetzt die Buntstifte unter den beladenen Deckel und ziehe noch einmal. Welchen Unterschied bemerkst du?

??? Warum ist das so?

Vor der Erfindung des Rades war es mühsam, Lasten zu bewegen. Denn zwischen dem Boden und der Fläche des Kartons entsteht Reibung, die das Ziehen der Last erschwert. Legst du dagegen Rollen unter den Deckel, drehen sich die runden Buntstifte selbst wie Räder – und du kannst den Anhänger leicht ziehen.

Das Rad

Eine der ältesten und zugleich wichtigsten Erfindungen der Menschen ist das Rad. Es wurde bereits vor einigen Tausend Jahren erfunden – vermutlich an verschiedenen Orten auf der Welt. Ein Rad ist immer kreisrund und kann aus unterschiedlichen Materialien bestehen, wie Holz oder Metall. Räder werden zu vielen verschiedenen Zwecken verwendet, zum Beispiel erleichtern sie den Transport von schweren Lasten.

Wasser-Rakete

Für Profis

Starte diese Rakete immer im Freien – denn nach dem Abschießen fliegt sie hoch hinauf in den Himmel. Dabei entsteht eine sprühende Wasserfontäne.

Du brauchst:

- zwei große Joghurtbecher aus Kunststoff (1000 g)
- eine Schere
- Klebeband
- einen Korken
- einen Bohrer, z.B. Handbohrer
- einen Kunststoff- schlauch (5 m lang, Ø ca. 1 cm)
- eine Reißzwecke
- eine leere Wasserflasche (1,5 l, Plastik)
- 0,5 l Wasser
- eine Luftpumpe (Standpumpe)

Für die Startrampe schneidest du die Böden der Joghurtbecher weg. Befestige die Becher mit Klebeband aufeinander. Schneide ein Loch in die Wand des unteren Bechers.

Bohre ein Loch in den Korken. Lass dir dabei von einem Erwachsenen helfen. Schiebe den Schlauch durch die Öffnung. Stecke hinter den Korken eine Reißzwecke in den Schlauch.

Stecke ein Ende des Schlauchs auf die Luftpumpe. Das andere Ende führst du von unten durch das Loch in die Startrampe.

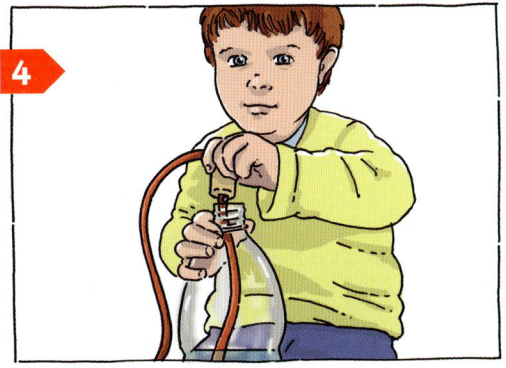

4 Fülle das Wasser in die Flasche. Verschließe die Öffnung fest mit dem Korken. Dabei ragt das freie Schlauchende etwa 20 cm weit in die Flasche über die Wasseroberfläche.

5 Stelle die Flasche mit der Öffnung nach unten in den Joghurtbecher. Pumpe nun kräftig Luft in den Schlauch. Halte dabei ganz viel Abstand zur Rakete!

??? Was passiert?

Die Luft, die du in den Kunststoffschlauch pumpst, presst die Luft in der Flasche zusammen – und dadurch den Korken mit Druck aus der Flasche. Das Wasser schießt heraus und dabei steigt die Rakete nach oben. Es funktioniert so ähnlich wie beim Schwimmen, wenn du mit den Beinen das Wasser nach hinten wegdrückst und dich so gleichzeitig nach vorn bewegst.

10, 9, 8, 7, 6 …

Die ersten Raketen wurden schon im 12. Jahrhundert in China gestartet. Sie sollten bei einer Schlacht die feindlichen Gegner erschrecken. Einige Zeit später wurden Raketen auch in Europa bekannt. Doch bis die ersten bemannten Raketen in den Weltraum starten konnten, vergingen noch etliche Jahrhunderte. Erst im 20. Jahrhundert wurden die ersten Raketen konstruiert, mit denen Menschen in den Weltraum fliegen konnten.

Brücken bauen

Für Einsteiger

Du brauchst:
- einige Bücher
- einige Blätter Papier
- einige Bauklötze

Brücken aus Holz oder Stahl können sehr viel tragen. Das kann auch eine Brücke aus Papier – wenn du die richtigen Tricks kennst ...

Baue zwei gleich hohe Bücherstapel und stelle sie so nebeneinander, dass zwischen ihnen eine Lücke bleibt. Lege ein Blatt Papier wie eine Brücke über die Lücke.

Auf das Papier legst du nun den Bauklotz. Wahrscheinlich biegt sich das Blatt unter dem Gewicht des Bauklotzes und fällt herunter. Ein einfaches Blatt Papier trägt ihn nicht!

Falte ein zweites Blatt Papier wie eine Ziehharmonika.

4

Lege das gefaltete Papier über die Lücke zwischen den Bücherstapeln und darauf einen Bauklotz. Was geschieht? Wie viele Bauklötze trägt deine Papierbrücke?

??? **Warum ist das so?**

Das einfache Blatt Papier biegt sich sehr leicht durch – es kann kaum Gewicht tragen. Durch das Falten wird das Papier jedoch viel stabiler, weil es sich nicht verbiegen kann. Deshalb kann die gefaltete Papierbrücke einen oder sogar mehrere Bauklötze tragen, ohne einzustürzen.

Brückenbau

Seit Jahrtausenden bauen Menschen Brücken, um Wege über Hindernisse wie Flüsse, Bergschluchten, Straßen, Eisenbahnschienen oder Täler zu schaffen. Es gibt Hängebrücken, die von Seilen gehalten werden, Balkenbrücken, Bogenbrücken, schwimmende Brücken und sogar bewegliche Brücken, die sich öffnen und wieder schließen lassen – je nachdem, welches Hindernis zu überwinden ist. Beim Brückenbau werden die verschiedensten Materialien verwendet, wie Holz und Steine, Eisen oder Beton.

Technik früher ...

In den letzten Jahrtausenden gab es viele bedeutende technische Entwicklungen, zum Beispiel die Erfindung des Rades.

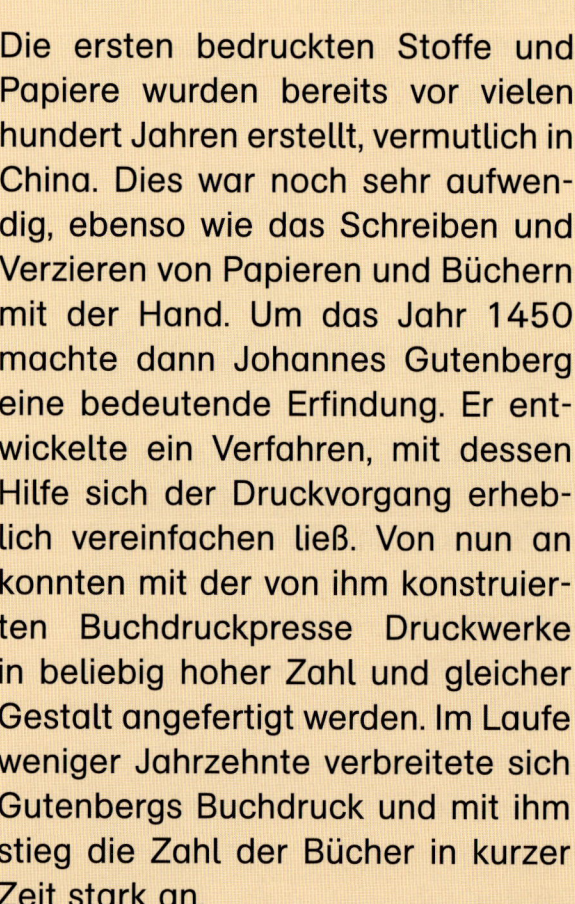

Buchdruck

Die ersten bedruckten Stoffe und Papiere wurden bereits vor vielen hundert Jahren erstellt, vermutlich in China. Dies war noch sehr aufwendig, ebenso wie das Schreiben und Verzieren von Papieren und Büchern mit der Hand. Um das Jahr 1450 machte dann Johannes Gutenberg eine bedeutende Erfindung. Er entwickelte ein Verfahren, mit dessen Hilfe sich der Druckvorgang erheblich vereinfachen ließ. Von nun an konnten mit der von ihm konstruierten Buchdruckpresse Druckwerke in beliebig hoher Zahl und gleicher Gestalt angefertigt werden. Im Laufe weniger Jahrzehnte verbreitete sich Gutenbergs Buchdruck und mit ihm stieg die Zahl der Bücher in kurzer Zeit stark an.

Flugmaschine

Bereits Anfang des 19. Jahrhunderts wurden die ersten Gleitflugzeuge und später auch Flugzeuge mit einem Motor erfunden. Es dauerte jedoch noch etwa weitere hundert Jahre, bis die Brüder Orville und Wilbur Wright in den USA ein motorisiertes Flugzeug konstruierten, das zuverlässig flog und sich gut steuern ließ. Am 17. Dezember 1903 fand der erste motorisierte Flug statt.

Grammofon

Das Grammofon wurde 1887 von Emil Berliner erfunden und konnte Töne und Musik wiedergeben. Die Musik wurde zuvor mechanisch auf einer Platte aufgezeichnet, die dann beim Abspielen in Bewegung gesetzt wurde. Dies geschah zunächst mit der Hand und später bei den Plattenspielern elektrisch. Der Plattenspieler wurde schließlich vom CD-Spieler abgelöst.

Rad

Viele Jahrtausende lang zogen die Menschen ihre Lasten mit Schlitten oder Tragegurten – allein oder mit Hilfe von Lasttieren wie Pferden oder Rindern. Dies war oft mühsam und schwerfällig. Vor etwa vier bis sechstausend Jahren wurde das Rad, eine kreisrunde Scheibe, erfunden. Ausgrabungen von Wissenschaftlern, verschiedene Funde und bildliche Darstellungen lassen vermuten, dass das Rad nicht an einem Ort und nur von einem einzigen Menschen, sondern in unterschiedlichen Regionen der Erde und von verschiedenen Menschen konstruiert wurde.

Dampflokomotive

Eine Lokomotive ist ein Fahrzeug, das allein oder mit angehängten Wagen auf Schienen fährt. Die ersten Lokomotiven wurden durch heißen Dampf angetrieben. Dieser entsteht, wenn bei der Verbrennung von Holz, Öl, Torf oder Kohle Wasser in einem Kessel erhitzt wird. Die allererste Dampflokomotive wurde im Jahr 1804 in Großbritannien erbaut. Später wurden unter anderem auch Elektro- und Diesellokomotiven entwickelt.

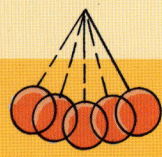

Gut gependelt

Für Einsteiger

Deine Freunde staunen: Der Ball schwingt genau auf dich zu – doch du bleibst ganz ruhig stehen und weichst nicht aus. Ob das gut geht?

Du brauchst:
- einen Ball
- eine lange Schnur

Knote das eine Ende der Schnur an dem Ball fest. Das geht am besten über Kreuz.

Befestige das andere Schnurende an einem Ast oder an einem Haken in der Decke. Lass dir dabei von einem Erwachsenen helfen. Es ist wichtig, dass der Ball frei schwingen kann.

Stelle dich ein Stück entfernt vom Seil auf und nimm den Ball in die Hände, sodass die Schnur straff gespannt ist.

4

Lass den Ball los und bleibe an deinem Platz stehen, ohne dich zu bewegen. Was passiert?

??? Warum ist das so?

Der Ball schwingt zu dir zurück – aber er berührt dich nicht. Er macht kurz vor dir halt, weil der Luftwiderstand ihn bremst. Der Ball pendelt langsam aus und kommt dir jedes weitere Mal etwas kürzer entgegen.

... noch mehr Spaß!

Ein Pendel besteht aus einem Gewicht, das an einem Stab oder an einer Schnur befestigt ist. Es schwingt hin und her. Das kannst du gut an einer Pendeluhr beobachten, deren Zeiger schwingt. Auch wenn du auf einer Schaukel sitzt, schwingst du wie ein Pendel. Was passiert, wenn du deine Beine und Arme nicht zum Schwungholen benutzt? Spürst du die Luft im Gesicht und in den Haaren?

Lichtspiele

Für Profis

Du brauchst:

- eine Mignon-Batterie (AA)
- Klebestreifen
- eine Glühbirne (1,5 V; aus dem Modellbaugeschäft)
- eine dazu passende Fassung mit zwei Drähten (aus dem Modellbaugeschäft)

Bei dir zu Hause findest du überall Gegenstände, die mit Strom betrieben werden. In diesem Experiment stellst du selbst einen Stromkreis her.

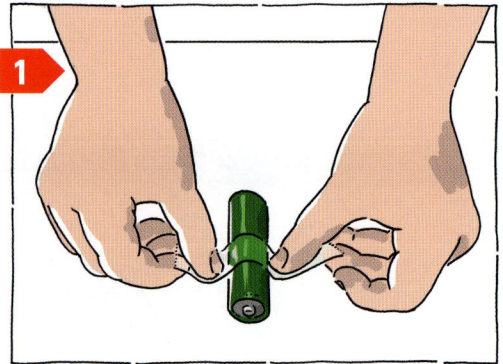

Befestige die Batterie mit Klebestreifen auf der Tischplatte.

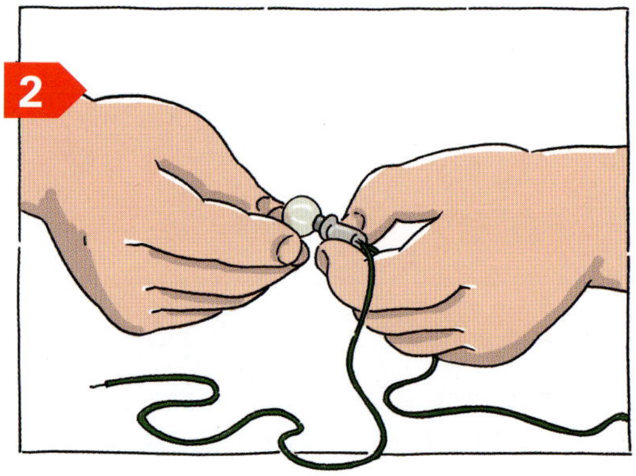

Schraube die Glühbirne in die Fassung.

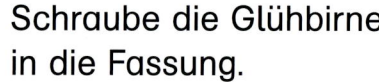

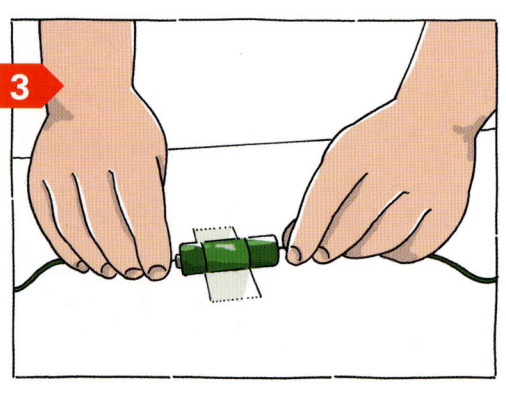

Nimm in jede Hand einen Draht und halte ihn jeweils an ein Kopfende der Batterie.

Bringst du die Glühbirne zum Leuchten? Je ruhiger du die Drähte an die Batterie hältst, desto besser leuchtet die Glühbirne.

??? Warum ist das so?

Damit die Glühbirne leuchten kann, muss der Stromkreis geschlossen sein. Nur so können sich die kleinen Teilchen, die den Strom liefern, die Elektronen, von einem Pol der Batterie zum anderen bewegen. Jede Batterie hat einen Plus- und einen Minuspol – siehst du die Zeichen dafür an der Batterie?

Es blitzt ...

Unzählige Gegenstände, Apparate und Fortbewegungsmittel in unserer Umgebung werden mit Strom betrieben. Auch in der Natur kannst du Elektrizität entdecken: Bei einem Gewitter entlädt sich elektrische Ladung durch Blitze. Spiele doch mal mit deinen Freunden nach, wie euer Tag ablaufen würde, wenn ihr keinen Strom hättet: ohne Kühlschrank, ohne Föhn, ohne elektrisches Licht, ohne CD-Spieler, ohne Fernseher und Radio ...

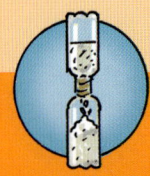

Riesen-Reisuhr

Für Fortgeschrittene

Hast du schon einmal beobachtet, wie feiner Sand durch eine Sanduhr rieselt? Bei diesem Experiment stellst du selbst eine Sanduhr her – aber mit großen Reiskörnern!

Du brauchst:
- zwei leere Wasserflaschen (1,5 l, Plastik)
- Reis
- einen Trichter
- Faserklebeband

Schraube die Deckel der beiden Wasserflaschen ab. Setze den Trichter auf eine der beiden Flaschen und fülle diese etwa bis zur Hälfte mit Reis.

Klebe in beide Flaschenhälse kleine Stückchen Klebeband, sodass die Öffnungen etwas schmaler werden.

Stelle die leere Flasche so auf die gefüllte, dass die Öffnungen zueinander zeigen. Deine Freundin oder dein Freund klebt die beiden Flaschen am Hals zusammen.

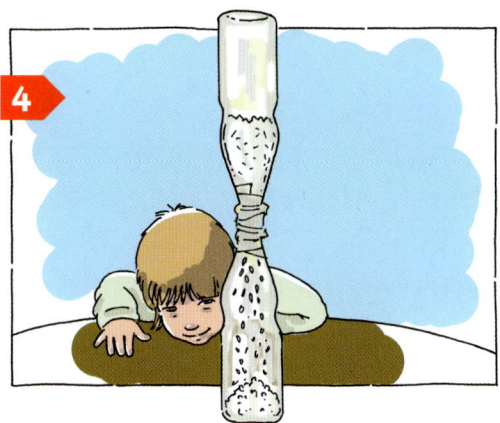

Drehe die Reisuhr um und stelle sie auf den Kopf.

??? Was passiert?

Nach und nach rieselt der Reis durch die obere Flasche in die untere. Du kannst mit einem Küchenwecker herausfinden, wie lange das dauert: Stelle den Wecker, sobald du die Uhr herumgedreht hast. Ist der Reis durchgelaufen, schau auf dem Wecker nach, wie viel Zeit vergangen ist.

 ... noch mehr Spaß!

Die Sanduhr, auch Stundenglas oder Eieruhr genannt, ist ein altes Gerät zum Messen der Zeit. Es gibt sie in allen Größen und man benutzt sie zum Beispiel beim Kochen von Eiern oder beim Zähneputzen. Der Sand in einer Sanduhr ist ganz fein. So rieselt er gut durch das schmale Glasröhrchen und verstopft es nicht. Grabe deine Hände in feinen Sand und lass ihn zwischen den Fingern hindurchrieseln. Das fühlt sich so gut an, dass du leicht die Zeit vergisst ...

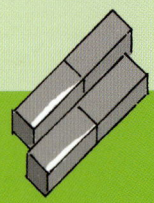

Magnet-Paare

Für Fortgeschrittene

Finde heraus, welche Magnete sich mögen und welche nicht ...

Du brauchst:
- vier Stabmagnete
- zwei Buntstifte
- Klebeband

Bewege die Magnete auf dem Tisch hin und her. Was fällt dir auf? Je nachdem, mit welcher Seite die Magnete aneinander stoßen, ziehen sie sich an oder stoßen sich ab.

Klemme zwischen zwei Magnete, die sich aneinanderhängen, einen Stift und umwickle dieses Magnet-Paar mit Klebeband. Mache dasselbe mit einem Magnet-Paar, das du nicht zusammenfügen kannst.

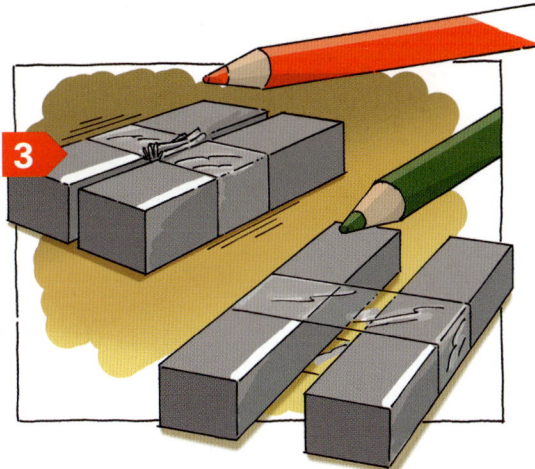

3 Ziehe nun die beiden Stifte heraus. Was passiert? Das erste Magnet-Paar findet sich sofort wieder zusammen, das zweite Paar stößt sich weiterhin ab.

??? Warum ist das so?

Magnete haben zwei Pole: einen Nordpol und einen Südpol. An diesen Polen ist die magnetische Kraft besonders groß. Gleiche Pole stoßen sich ab. Entgegengesetzte Pole dagegen ziehen sich an. Daher bleiben die Magneten in dem einen Paket auch voneinander getrennt, nachdem du den Stift entfernt hast, und das andere Magnetpaar verbindet sich wieder.

Das Erdmagnetfeld

Jeden Magneten umgibt ein Magnetfeld, das bei Stabmagneten an den beiden Enden besonders stark ist. Sie werden Nord- und Südpol genannt. Die Erde selbst ist ein Riesenmagnet mit einem großen Magnetfeld. Einige Tierarten können das Magnetfeld der Erde erspüren und sich daran orientieren. Meeresschildkröten, Zugvögel und Tauben finden so ihren Weg auf langen Reisen.

Es klappert die Mühle ...

Bereits im Altertum wurden Wasserräder genutzt, um mechanische Energie zu erzeugen. Sie wurden als Schöpfräder beim Bewässern von Feldern oder später als Wassermühlen beim Mahlen von Getreide eingesetzt.

Du brauchst:

- dünnen Pappkarton
- einen Stift
- eine Schere
- durchsichtige Klebefolie
- Klebstoff oder Klebeband
- eine Garnspule
- eine dicke Stricknadel oder einen runden Buntstift
- eine Gießkanne
- Wasser
- eine große Schüssel oder Wanne

1 Zeichne vier kleine, gleichgroße Rechtecke auf dünnen Pappkarton. Beziehe den Karton von beiden Seiten mit Klebefolie. Schneide die Rechtecke aus.

2 Knicke die Rechtecke in der Mitte.

3 Klebe jedes Rechteck mit einer Kante an die Garnspule, sodass am Ende alle vier Räder wie Schaufeln im gleichmäßigen Abstand abstehen.

4 Stecke die Stricknadel oder den runden Stift durch die Öffnung der Garnspule.

5 Fülle Wasser in die Gießkanne.

6 Halte das Wasserrad an der Stricknadel über die Schüssel. Mit der anderen Hand gießt du langsam Wasser über die Räder. Am besten geht das, wenn du es gemeinsam mit einer Freundin oder einem Freund machst.

7 Das Wasser prallt auf die Räder. Durch die Kraft des Wassers beginnt sich das Rad zu drehen.

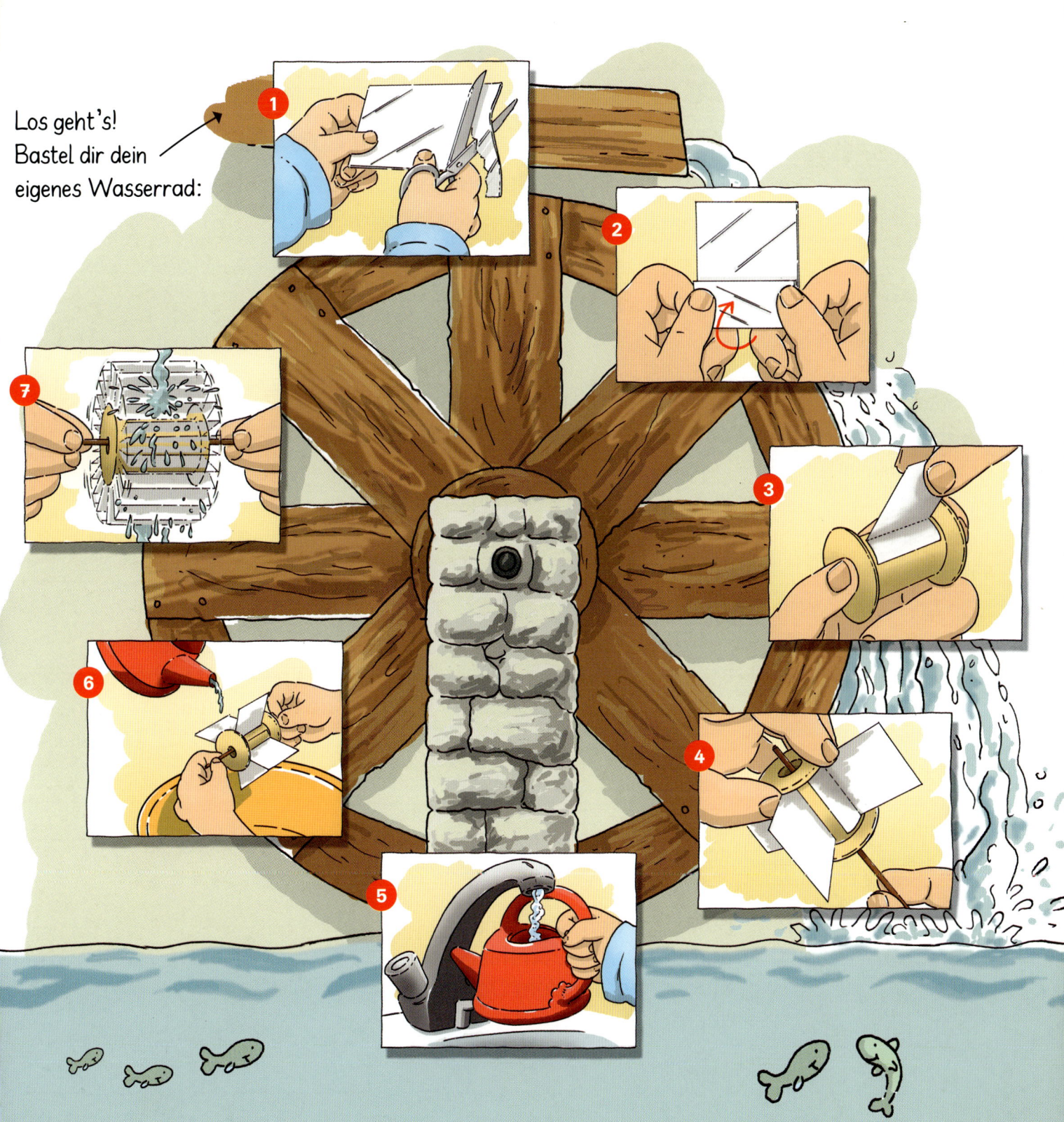

Luftballon-Flitzer

Für Fortgeschrittene

Mit einem Trick kannst du dein Spielzeugauto noch schneller fahren lassen als bisher. Auf die Plätze, fertig … Start!

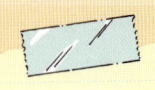

Du brauchst:
- zwei Spielzeugautos (sehr leicht)
- ein Stück Kunststoffschlauch (z. B. aus dem Baumarkt)
- Klebeband
- einen Luftballon
-

1 Stülpe den Luftballon über das Ende des Schlauchs.

2 Befestige den Schlauch und den Luftballon mit Klebeband auf dem Dach des Autos.

Blase den Luftballon durch den Schlauch auf und halte anschließend die Öffnung zu.

Stelle das Auto auf den Boden und lass den Ballon los. Bitte eine Freundin oder einen Freund, gleichzeitig ein Spielzeugauto ohne Luftballonantrieb anzustoßen. Welches Auto fährt schneller?

??? Warum ist das so?

Sobald du den Ballon loslässt, entweicht die Luft, die zuvor im Innern mit Druck zusammengepresst wurde, als kräftiger Luftstrom. Dieser Luftstrom treibt das Spielzeugauto an. Es fährt los, ohne dass du es anschieben musst.

... noch mehr Spaß!

Noch schneller fährt das Auto übrigens, wenn du darauf gleich zwei Kunststoffschläuche mit zwei Luftballons befestigst. Mach mit deinen Freunden ein Luftballonauto-Rennen: Bereitet die bunten Luftballon-Flitzer vor. Bemalt ein großes Stück Pappe und bezieht es mit durchsichtiger Klebefolie. Lehnt die Pappe in einem flachen Winkel gegen einen Bücherstapel. Stellt die Autos an den Start und lasst sie gleichzeitig los. Welches Auto flitzt am schnellsten die Startrampe hinunter? Welches kommt am weitesten?

Bergauf, bergab

Für Einsteiger

Für dieses Experiment brauchst du ein wenig Kraft und Ausdauer. Finde heraus, wie du einen Wagen am einfachsten den Berg hinaufschiebst.

Du brauchst:
- einige Sitzkissen oder Polster
- ein Brett (lang und breit)
- einen Wagen (z.B. einen Puppenwagen)
-

1

Bau dir aus den Sitzkissen einen Kissenberg. Lege das Brett gemeinsam mit deinen Freunden so auf den Berg, dass eine kurze, steile Auffahrt entsteht.

Schiebe den Wagen die Auffahrt hinauf. Deine Freunde halten so lange das Brett gut fest, damit es nicht verrutscht.

2

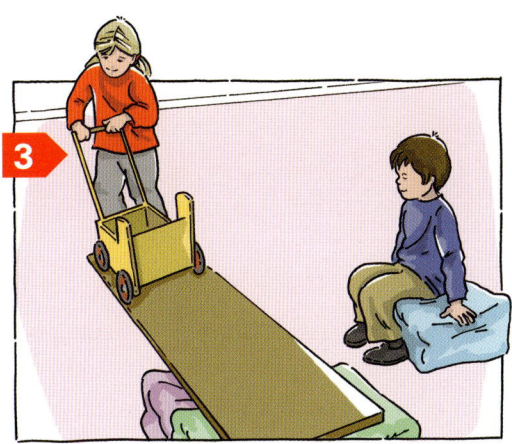

Nimm nun ein paar Kissen weg, sodass der Berg kleiner wird und eine lange, flache Auffahrt entsteht. Schiebe den Wagen noch einmal hoch. Was fällt dir auf?

??? Warum ist das so?

Je steiler und kürzer die Auffahrt ist, desto schwieriger wird es, den Wagen den Berg hinaufzuschieben. Zusätzlich zu dem Weg in der Ebene, den du zurücklegen willst, kommt hier noch ein Höhenunterschied – auch der kostet dich Energie! Je weniger Höhenunterschied du pro Schritt leisten musst, desto weniger anstrengend ist das Schieben.

Kräftig treten!

Besonders gut lässt sich dieses Prinzip erfahren, wenn du mit dem Fahrrad im Gebirge unterwegs bist. Dabei kannst du feststellen, welche Straßen leicht zu befahren sind. Wege und Pfade, die sehr steil nach oben führen, bringen dich sicher schnell aus der Puste. Du musst dann kräftig in die Pedalen treten, um den Berg hinaufzugelangen. Viel einfacher ist es dagegen, wenn du sanft ansteigende Straßen hinauf radelst.

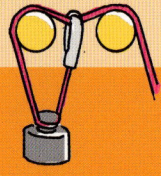

Hauruck!

Für Profis

Hebe eine Tasche mit Bauklötzen hoch. Ganz schön schwer, oder? Mit einem Flaschenzug kannst du schwere Gegenstände einfacher anheben.

Du brauchst:
- vier Stühle
- zwei Besenstiele
- Klebeband
- einen Gegenstand (z.B. eine Tasche mit Bauklötzen)
- zwei Schnüre
- einen Karabinerhaken

Stelle zwei Stühle nebeneinander und die anderen beiden gegenüber. Lege die Besenstiele über die Lehnen und befestige sie mit Klebeband, damit sie nicht verrutschen.

Knote eine lange Schnur an den schweren Gegenstand. Führe die Schnur nach oben und lege sie über die Besenstiele.

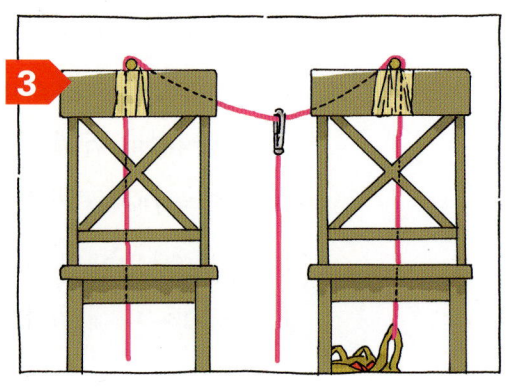

Hänge den Karabinerhaken in die Mitte der Schnur. Er sollte zwischen den Besenstielen hängen. Knote die zweite Schnur an den Haken.

??? Was passiert?

Mithilfe eines Flaschenzuges hebst du schwere Gegenstände und Gewichte leichter hoch. Das liegt daran, dass die Kraft, die du benötigst, um den Gegenstand anzuheben, auf einen längeren Weg umverteilt wird. Je länger die Schnur ist, desto weniger Kraft brauchst du zum Ziehen. Dafür musst du aber länger ziehen.

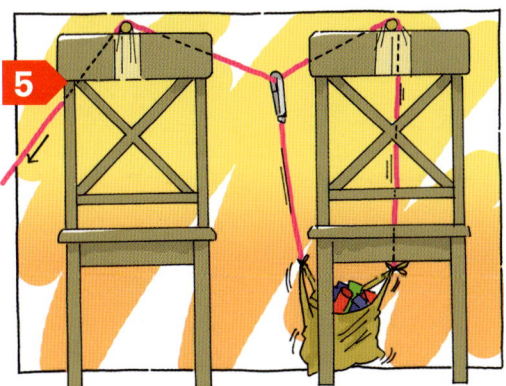

4 Knote das Ende der zweiten Schnur an den Gegenstand.

5 Ein Schnurende hängt nun frei herab. Ziehe daran. Was passiert?

Schwer gehoben

Schon in der Antike wurden Flaschenzüge zum Heben und Bewegen schwerer Lasten eingesetzt. Beispielsweise erbauten die Römer ihre eindrucksvollen Bauwerke und Arenen mit Hilfe von Flaschenzügen. Mit der Zeit wurden die einfachen Flaschenzüge, die aus einer Rolle und einem Seil bestanden, weiterentwickelt, sodass immer schwerere Lasten gehoben werden konnten. Auch Kräne benutzen Flaschenzüge, um sehr schwere Lasten zu heben.

Ganz schön stark!

Für Einsteiger

Mit diesem Experiment verblüffst du deine Freunde! Denn im Handumdrehen hebst du einen schweren Tisch ganz leicht an.

Du brauchst:
- einen Tisch
- zwei Hammer mit langem Stiel
- zwei Besenstiele
-

Drehe gemeinsam mit deinen Freunden den Tisch um, sodass die Tischplatte flach auf dem Boden liegt und die Beine in die Luft ragen. Lege einen Hammer parallel zur Tischkante.

Hebt dann zusammen den Tisch an einer Seite an und schiebt den zweiten Hammer ein Stück weit unter die Platte. Der Stiel des Hammers liegt nun über dem Stiel des anderen, sodass beide ein Kreuz bilden.

Nun drückst du den oberen Hammer am äußeren Ende nach unten. Siehst du, wie sich die Tischplatte anhebt?

Mach dieses Experiment nun mit den beiden Besenstielen. Vergleiche: Was verändert sich, wenn du statt der kurzen Hammer zwei lange Besenstiele verwendest?

??? Warum ist das so?

Du setzt den Hammer oder den Besenstiel als Hebel ein. So erzielst du mit wenig Kraft eine große Wirkung. Denn der Weg, den der Hammerstiel beim Herunterdrücken zurücklegt, ist viel länger, als die Strecke, die der Tisch auf seinem Weg nach oben bewältigt. Je länger dein Hebel ist, umso höher kannst du die Tischplatte stemmen und umso leichter geht das auch.

Hebelwirkung

Das Prinzip der Hebelwirkung findest du überall im Alltag. Ein Nussknacker funktioniert danach, ebenso wie ein einfacher Flaschenöffner oder eine Zange. Auch auf dem Spielplatz gibt es ein Gerät, das dir die Hebelwirkung deutlich zeigt. Weißt du, was es ist? Na klar – eine Wippe! Probiere mit deinen Freunden mal aus, wo ihr sitzen müsst, damit das Wippen gut klappt. Und wann ihr gar nicht wippen könnt.

Technik heute ...

In unserem Alltag sind wir von unzähligen technischen Gegenständen umgeben. Manche wurden vor längerer Zeit erfunden und werden immer weiterentwickelt, wie zum Beispiel das Telefon. Andere, wie das Internet, sind noch sehr junge Erfindungen.

▶ Das Auto

Im Jahr 1886 entwickelten Gottlieb Daimler und Karl Benz unabhängig voneinander jeweils das erste motorisierte Fahrzeug, das sich ohne Schienen oder Pferde fortbewegen konnte. Nachdem es anfangs von vielen belächelt wurde und als zu laut und zu gefährlich galt, setzte sich das Auto innerhalb von vierzig Jahren durch und verbreitete sich weltweit.

▶ Der Computer

Ein Computer oder Rechner ist ein elektronischer Apparat, der Daten oder Informationen verarbeitet. Nach verschiedenen Vorstufen mit mechanischen Rechenmaschinen baute Konrad Zuse 1941 den ersten Computer. Im Laufe der folgenden sechzig Jahre entwickelte sich die Computertechnik immer weiter. Heute können wir uns ein Leben ohne den Computer kaum noch vorstellen.

Das Telefon

Die Ursprünge des Telefons liegen im Jahr 1837, als der erste Morseapparat erfunden wurde. Er leitete einen Code aus Strichen und Punkten weiter, aus dem Nachrichten erstellt und abgelesen werden konnten. Im Laufe der folgenden Jahrzehnte wurde diese Technik weiterentwickelt mit dem Ziel, nicht nur Zeichen, sondern auch gesprochene Botschaften über weite Entfernungen zu übermitteln. 1876 meldete Alexander Graham Bell das erste Patent für ein Telefon an. Mit der Zeit entwickelte sich aus den Apparaten mit Kurbeln und später mit Wählscheiben die heutigen Telefone mit Tasten und Ziffern. Das erste Mobiltelefon, das wir heute als Handy kennen, kam 1983 auf den Markt.

Das Internet

Eng verknüpft mit der Entwicklung des Computers ist die Entstehung des Internets. Hierbei handelt es sich um die Verbindung zwischen vielen verschiedenen Computern auf der ganzen Welt. So können auf elektronischem Wege Daten ausgetauscht und Informationen übermittelt werden. Die Ursprünge des Internets liegen im Jahr 1969. Ab Ende der 80er Jahre verbreitete es sich stark und wird seitdem von vielen Menschen zum Austausch von Informationen und Bildern genutzt.

Rasantes Rennboot

Für Profis

Dieses Rennboot gleitet elegant über den Papier-Parcours. Wie funktioniert das?

Du brauchst:
- eine Schere
- einen Karton (oben offen)
- Papier
- Stifte
- Klebestreifen
- eine Unterlegscheibe (für Schrauben)
- einen Magneten (aus dem Bastelgeschäft)

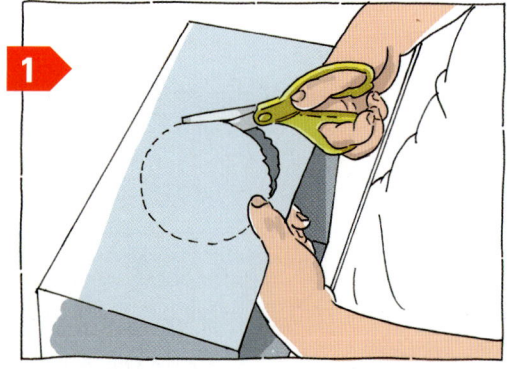

Schneide eine große Öffnung in die breite Wand des Kartons, sodass du bequem den Arm hindurchstrecken kannst.

Zeichne eine Rennbahn auf einen großen Bogen Papier. Lege das Papier auf den offenen Karton und befestige es mit Klebestreifen.

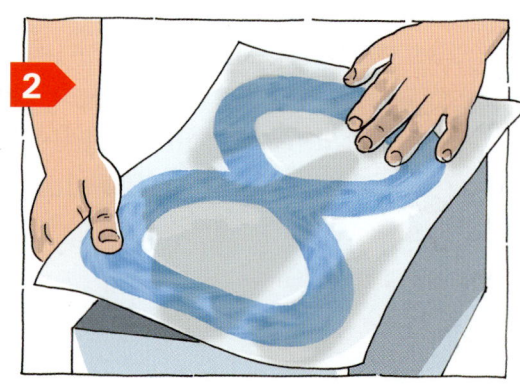

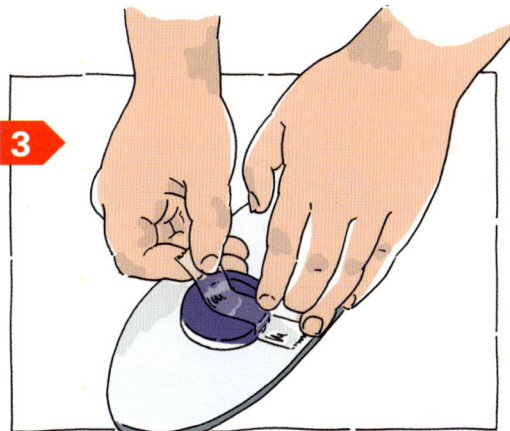

3 Zeichne ein Boot (von oben) auf Papier und schneide es aus. Klebe die Unterlegscheibe auf die Rückseite.

4 Halte den Magneten durch die Öffnung unter die Rennbahn und das Boot. Bewege den Magneten – und du siehst: Auch das Boot fährt mit. Schaffst du es, auf den Linien zu fahren?

??? Was passiert?

Der Magnet zieht das Eisen der Unterlegscheibe an. So bewegt sich das Rennboot immer zu dem Magneten hin und mit ihm fort.

 **... noch mehr Spaß!**

Mit einem guten Magneten kannst du deine Umgebung genau untersuchen. Halte den Magneten an verschiedene Gegenstände wie Holzlöffel, die Tür des Kühlschranks, eine Schere oder Schlüssel. Was ist magnetisch? Was nicht? Du kannst auch versuchen, möglichst viele Gegenstände von dem Magneten anziehen zu lassen. Hält er wenige schwere Dinge oder viele leichte, wie Büroklammern oder Nägel? Probiere verschiedene Magneten aus, kleine und große, runde und eckige ... Du kannst auch in der Badewanne in ein Plastikboot ein paar Unterlegscheiben legen und das Boot dann mit einem Magneten bewegen.

Was wiegt mehr?

Für Fortgeschrittene

Sind drei Buntstifte schwerer als drei Schrauben? Ist ein Pinsel leichter als ein Teelöffel? Bau dir eine eigene Waage und finde es heraus.

Du brauchst:
- zwei kurze Papprollen (Toilettenpapier)
- Klebeband
- einen Nagel oder eine spitze Schere
- Schnur
- einen Holzstab
- kleine Dinge zum Wiegen

Verschließe jeweils eine Öffnung der beiden kurzen Papprollen mit Klebeband, sodass an diesen Seiten nichts mehr herausfallen kann.

Drehe die Papprollen nun um. Stanze mit dem Nagel zwei gegenüberliegende Löcher in den oberen Rand jeder Rolle.

Ziehe jeweils eine Schnur durch die Löcher. Befestige die kurzen Papprollen so am Holzstab, dass beide gleich lang nach unten hängen. Verwende Klebeband, damit die Schnüre nicht verrutschen.

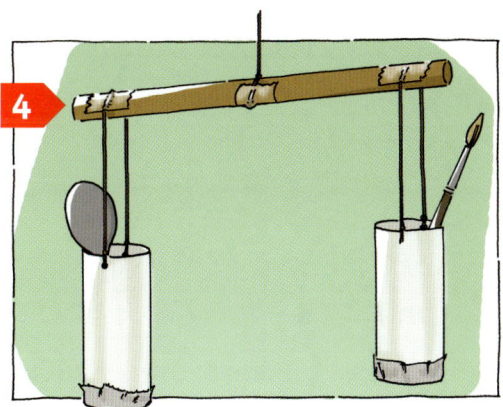

Befestige ein Stück Schnur in der Mitte des Holzstabs und hänge die Waage so auf, dass sie frei in der Luft schwingt. Lege nun einen Teelöffel in die eine Waagschale und einen Pinsel in die andere. Was wiegt mehr?

??? Was passiert?

Wenn du zwei unterschiedliche Gegenstände in die Papprollen legst, neigt sich die schwerere Seite der Waage nach unten. Wiegen beide Gegenstände gleich viel, bleiben die beiden Waagschalen etwa auf der gleichen Höhe hängen. So findest du heraus, welche Gegenstände schwerer oder leichter als andere sind.

 ... noch mehr Spaß!

Mach einen Wiege-Wettbewerb mit deinen Freunden: Stelle eine Küchenwaage auf den Tisch und lege verschiedene Gegenstände daneben. Ein Spieler sucht zwei Dinge heraus. Die Mitspieler wählen den Gegenstand aus, von dem sie glauben, dass er mehr wiegt. Dann wird gewogen. Für jede richtige Schätzung gibt es einen Spielpunkt. Ihr könnt auch raten, wie viel Gramm ein Gegenstand wohl wiegt, bevor ihr nachmesst. Wer schätzt das Gewicht am besten?

Kreiselndes Motorboot

Für Profis

Bist du schon einmal Karussell gefahren? Hier kannst du dir ein Motorboot bauen, das wie ein Karussell auf dem Wasser fährt.

Du brauchst:
- ein Stück Moosgummi
- einen Stift
- eine Schere
- ein Gummiband
- einen Trinkhalm
- Klebeband
- einen Holzrundstab (etwa 5 cm lang)
- eine große Schüssel mit Wasser

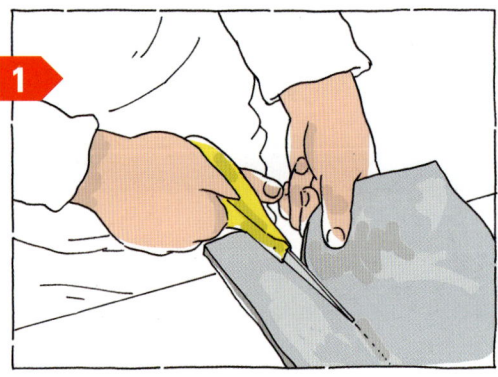

Zeichne den Umriss eines Bootes (von oben gesehen) auf das Moosgummi und schneide es aus.

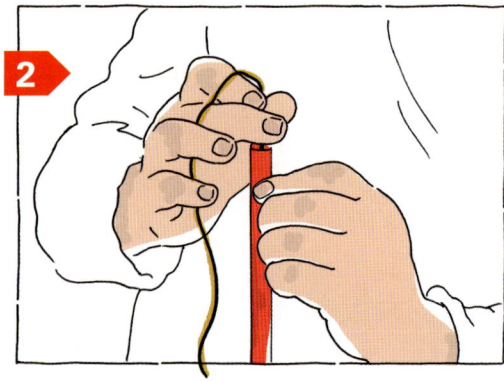

Schneide das Gummiband durch. Fädele es durch den Trinkhalm.

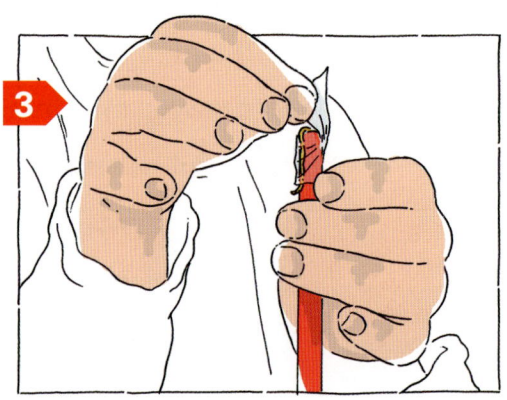

Verschließe die vordere Öffnung des Trinkhalms, aus dem das Band ragt, mit Klebeband.

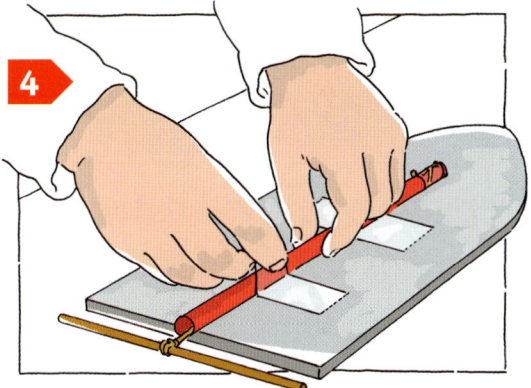

Knote den Holzstab an das noch freie Gummiende, das aus dem Trinkhalm ragt. Zwischen dem Holzstab und dem Boot sollte ein Fingerbreit Platz sein. Befestige den Strohhalm mit Klebeband am Boot.

Ziehe den „Motor" des Bootes auf, indem du den Holzstab so oft drehst, bis das Gummi straff ist. Dann legst du das Boot ins Wasser und lässt los.

??? Was passiert?

Das straff gezogene Gummiband dreht sich wieder zurück in die ursprüngliche Position. Dabei wird der Holzstab im Wasser bewegt. Diese Bewegung treibt das Boot an, sodass es wie ein Karussell auf dem Wasser fährt.

Fahren mit Motoren

Ein Motor wandelt Energie, zum Beispiel elektrische oder chemische, in mechanische Energie um, zum Beispiel in Bewegungsenergie. Autos haben einen Motor, ebenso wie Flugzeuge. Auch auf dem Wasser gibt es Fahrzeuge mit Motor. Hast du schon mal ein solches Motorboot gesehen? Das Röhren der Motoren hörst du schon von Weitem.

Schnelle Kissen

Für Profis

Dieses Boot wird nicht mit einem Motor, sondern mit Luft angetrieben. Wenn du kräftig pustest, gleitet dein Luftkissenboot lautlos über den Fußboden.

Du brauchst:
- einen leeren Margarine- oder Eisbehälter
- eine Papprolle (von Toilettenpapier)
- einen Stift, der auf Plastik schreibt
- ein Teppichmesser
- Klebeband

Stelle den Eisbehälter mit der Öffnung nach unten auf den Tisch. Halte die Papprolle in die Mitte des Behälters und zeichne den Umriss nach.

Schneide vorsichtig den Kreis mit dem Teppichmesser aus. Mach dies nur zusammen mit einem Erwachsenen.

Stecke die Papprolle in die Öffnung. Dichte alle Löcher und Ritzen mit Klebeband ab.

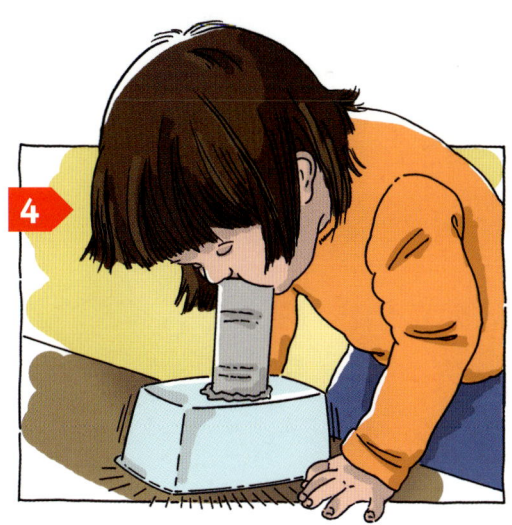

Blase von oben in die Papprolle. Was passiert nun? Du kannst dein Luftkissenboot auch noch mit bunten Papierschnipseln bekleben.

??? Was passiert?

Das Luftkissenboot setzt sich in Bewegung und gleitet über die Unterlage. Denn die Luft, die du durch die Röhre pustest, bewirkt, dass sich die Eispackung anhebt und losschwebt. Sobald der Luftstrom nachlässt, bleibt das Boot stehen.

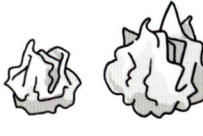 

Übers Wasser gleiten

Luftkissenboote, auch Hovercrafts genannt, werden auf einem Luftkissen über das Wasser getragen. Sie transportieren zum Beispiel als Fähren verschiedene Güter und Passagiere über das Meer. Aber Luftkissenboote werden nicht nur für den Transport eingesetzt. Es gibt auch sportliche Wettkämpfe mit Luftkissenbooten, bei denen Rennen veranstaltet werden. Manche Luftkissenboote fahren sowohl auf dem Wasser als auch auf dem Land.

Weitere Titel in dieser Reihe:

Experimente rund ums Fliegen
978-3-480-22298-8

Experimente mit Licht und Schatten
978-3-480-22299-5

Experimente rund um unsere Sinne
978-3-480-22300-8

Experimente rund um die Natur
978-3-480-22301-5

Experimente mit Klängen und Tönen
978-3-480-22336-7

Experimente rund um die Farben
978-3-480-22337-4

Experimente rund um die Umwelt
978-3-480-22414-2

Bildnachweis

IStock:

S. 11: Christopher Arndt; **S. 15:** Matthew Cole; **S. 16 (o.l.):** Andrea Gingerich; **S. 16 (o.r.):** Michal Rozanski; **S. 16 (u.l.):** Jack Santen; **S. 17 (o.l.):** Irina Opachevsky; **S. 17 (o.r.):** Artsem Martysiuk; **S. 17 (u.):** Rich Yasick; **S. 19:** Carol Gering; **S. 21:** Martin Fischer; **S. 25:** Jurie Maree; **S. 26 (o.):** Vlado Janžekovi; **S. 26 (u.):** Anna Milkova; **S. 31:** Peeter Viisimaa; **S. 35:** Ramona Heim; **S. 36:** Mark Evans; **S. 37 (o.l.):** Renata Osinska; **S. 37 (o.r.):** Susan Trigg; **S. 37 (u.):** Jan Tyler; **S. 43:** Jonathan Maddock; **Titelfoto (Mitte o.r.):** PMSI Web Hosting and Design; **Titelfoto (Mitte o.l.):** Peeter Viisimaa; **Titelfoto (Mitte u.l.):** Brian McEntire; **Titelfoto (Mitte u.l.):** Bettina Baumgartner; **Titelfoto (o.r.):** Paulo Cruz; **Titelfoto (u.l.):** Darrell Evans; **Rückseite (o.):** Carol Gering; **Rückseite (Mitte):** Matthew Cole; **Rückseite (u.):** Christopher Arndt